ÉTUDE SUR LES EFFETS

DES CLIMATS CHAUDS

DANS LE TRAITEMENT DE LA

CONSOMPTION PULMONAIRE

BASÉE SUR L'ANALYSE DE

DEUX CENT CINQUANTE ET UNE OBSERVATIONS

PAR

Chas.-Théodore WILLIAMS, M. D. oxon. F. R. C. P.

Médecin de l'hôpital pour les maladies de poitrine, Brompton

TRADUCTION DE L'ANGLAIS ET NOTES

PAR

Le Docteur Émile NICOLAS-DURANTY

Médecin-adjoint des hôpitaux de Marseille, Vice-Président de la Société de Médecine,
Membre de la Société de Médecine de Londres, etc., etc.

PARIS

LIBRAIRIE J.-B. BAILLIÈRE ET FILS

19, rue Hautefeuille, près le boulevard Saint-Germain.

1875

ÉTUDE

SUR LES

EFFETS DES CLIMATS CHAUDS

DANS LE TRAITEMENT

DE LA CONSOMPTION PULMONAIRE

Principaux travaux du Dr Émile **NICOLAS-DURANTY** :

ESSAI SUR LA TRANSFUSION DU SANG. — Paris, 1860.

NOTE SUR LA LARYNGITE CATARRHALE ÉTUDIÉE A L'AIDE DU LARYNGOSCOPE. — Marseille, 1864.

DE LA LARYNGITE CHRONIQUE. — Traitement topique. — Marseille, 1865.

DU LARYNGOSCOPE ET DE LA LARYNGOSCOPIE. — Marseille, 1866.

DU LARYNGOSCOPE ET DE SON EMPLOI DANS LES MALADIES DE LA GORGE, par MORELL-MACKENZIE. Traduit de l'anglais sur la seconde édition. — Figures dans le texte. — Paris, 1867.

ABCÈS DU LARYNX. — Figures dans le texte. — Marseille, 1870.

DIAGNOSTIC DES PARALYSIES MOTRICES DES MUSCLES DU LARYNX. — Avec planches. Paris, 1872.

CLINICAL NOTES ON THE SOFT TUMOURS OF THE LARYNX. — With plates. — London, 1872.

ÉTUDE SUR LES EFFETS

DES CLIMATS CHAUDS

DANS LE TRAITEMENT DE LA

CONSOMPTION PULMONAIRE

BASÉE SUR L'ANALYSE DE

DEUX CENT CINQUANTE ET UNE OBSERVATIONS

PAR

Chas.-Théodore WILLIAMS, M. D. oxon. F. R. C. P.

Médecin de l'hôpital pour les maladies de poitrine, Brompton

TRADUCTION DE L'ANGLAIS ET NOTES

PAR

Le Docteur Émile NICOLAS-DURANTY

Médecin-adjoint des hôpitaux de Marseille, Vice-Président de la Société de Médecine,
Membre de la Société de Médecine de Londres, etc., etc.

PARIS

LIBRAIRIE J.-B. BAILLIÈRE ET FILS

19, rue Hautefeuille, près le boulevard Saint-Germain.

1875

ETUDE SUR LES EFFETS

DES CLIMATS CHAUDS

DANS LE TRAITEMENT DE LA

CONSOMPTION PULMONAIRE

Le choix d'un climat convenable pour séjour d'hiver est un des sujets les plus difficiles dans le traitement de la phthisie pulmonaire. Cette question, qui touche les plans du malade et de ses amis, substitue souvent l'exil au séjour de la maison ; elle amène la séparation de ce qu'on a de plus cher et ordinairement elle est accompagnée du sacrifice des occupations habituelles et des travaux commencés. Lorsque nous considérons l'importance des intérêts que comporte la réponse à cette question, nous ne devons reculer devant aucun travail pour arriver au but. Il convient d'engager le malade dans une voie claire et précise, si non certaine, pour le rétablissement de sa santé.

Sur quelles bases le médecin doit-il fonder ses opinions pour ce sujet si important? Nous allons en résumer brièvement les principes:

1° L'immunité dont paraissent jouir certaines localités pour la maladie dont le malade est atteint. *A priori* cette indication paraît bonne, mais lorsqu'on examine les climats des localités connues pour la rareté de la phthisie, nous trouvons un tel contraste dans les conditions atmosphériques, qu'il est évident que l'immunité dont elles jouissent ne peut être attribuée à l'influence seule du climat, mais aux particularités de la vie au grand air, à la nourriture, aux habitudes des populations. Quelle qualité spécifique peut-il exister entre le climat variable de l'Islande et les froides steppes de la Tartarie, qui se trouvent à 100 pieds au-dessous du niveau de la mer, et les hauts plateaux des Andes à 8,000 et 10,000 pieds au-dessus de la mer, et la brûlante présidence de Madras ?

Nous ne pouvons suivre cette voie pour arriver au choix d'un climat, car ce ne serait qu'en imitant très-exactement la manière de vivre des habitants de ces pays que l'on pourrait éviter le développement de la phthisie chez les sujets prédisposés.

D'autre part, nous ne pouvons passer sous silence certains climats où la phthisie existe et sous l'influence desquels il est démontré que des malades venus du Nord ont vu leur maladie s'amender.

2° Un pays dont les conditions atmosphériques sont inverses de celles dans lesquelles la maladie a été contractée ; un climat sec et chaud lorsque la maladie s'est développée dans un climat froid et humide ; ou bien une atmosphère froide et d'une grande pureté, lorsque la maladie a pris naissance sous l'influence de la chaleur ou d'une mauvaise ventilation. Telles sont les conditions qui peuvent former une base sérieuse pour le choix d'une localité et en l'absence de meilleures données, elles sont pratiques jusqu'à un certain point. Cependant la différence d'alimentation, la variabilité des saisons, les idiosyncrasies individuelles, renverseront tous nos calculs et le succès probable que l'on attendait, se transformera en déception.

En choisissant un climat d'après ces principes, il sera utile de se rappeler que la phthisie se rattache à une double origine : origine inflammatoire, origine septique (1).

____

(1) Je crois devoir faire connaître d'une manière générale comment M. Williams père, envisage la tuberculose dans l'ouvrage qu'il a publié avec M. C. Théodore Williams. (*Pulmonary consomption : its nature , varieteis*

Par origine inflammatoire, au point de vue des causes, je veux parler des influences qui excitent les affections inflammatoires des poumons et dont les conséquences sont une organisation régressive. Ces causes sont le froid, l'humidité, le changement fréquent de température. La consomption qui se développe dans ces conditions est une maladie généralement limitée à un poumon, quelquefois aux deux, à marche chronique et commune surtout dans les climats froids et tempérés.

and treatement by C. J. B. Williams and C. Théodore Williams. — London 1871). — Pour M. Williams, les corpuscules du tubercule ont une très grande ressemblance avec ceux du tissu adénoïde et les leucocythes. Les tubercules miliaires récents sont formés par ces corpuscules privés de leurs propriétés colloïdes et amœboïdes et réunis en masses par un reticulum léger. Lorsqu'ils vieillissent, ils subissent la transformation caséeuse ou bien des fibres se forment autour des corpuscules et au milieu d'eux. Le plus souvent, toutefois, les tubercules miliaires sont constitués par des corpuscules semblables à ceux des ganglions lymphatiques. Les tubercules miliaires ont toujours le même aspect, mais ils ont une origine qui diffère suivant les cas. Ils ont, soit, une origine lymphatique et se développent dans le tissu adénoïde, soit une origine inflammatoire, et sont constitués par les globules blancs du sang, qui, par exsudation, viennent former la matière scrofuleuse et les autres types inférieurs de l'inflammation. D'où, deux formes, au point de vue du siége et de l'origine du tubercule : première forme, lymphatique, miliaire, infectieuse ou générale ; deuxième forme, inflammatoire, diffuse, locale. Enfin, il existe une troisième forme, c'est lorsque l'élément fibreux se développe abondamment. Dans ces différents processus, le phénomène ultime est la transformation caséeuse.

Sans vouloir entrer dans la discussion de la tuberculose, je désire faire quelques réserves sur la manière de voir de M. Williams.

Je suis partisan de l'unité de la phthisie. La tuberculose pulmonaire est anatomiquement caractérisée par la granulation miliaire décrite par Virchow, Robin, Cornil, Villemin, etc, etc. Mais anatomiquement et cliniquement il existe diverses formes. A côté des lésions qui caractérisent chaque forme, on rencontre *toujours* la granulation miliaire. C'est ainsi que l'on peut établir les différentes formes de phthisie que je classerai de la manière suivante :

1° Phthisie aigue :

(*a*) Forme granuleuse généralisée.
(*b*) Forme granuleuse avec pneumonie.

2° Phthisie chronique :

(*a*) Forme granuleuse partielle avec pneumonie.
(*b*) Forme caséeuse.
(*c*) Forme fibreuse.   (E. Nicolas-Duranty).

Par influences septiques, j'entends celles qui tendent à détruire ou à corrompre le bioplasme du sang ou des lymphatiques. Telle est l'action combinée d'un air vicié, de la chaleur, de l'humidité, d'une alimentation mauvaise ou insuffisante; enfin les maladies qui affaiblissent et toutes les autres causes générales de débilitation.

La consomption ayant cette origine, présente des symptômes constitutionnels bien marqués, elle est souvent de nature tuberculeuse, a une marche plus ou moins rapide et attaque souvent d'autres organes que les poumons. C'est ce type que le Dr Guilbert a noté comme prédominant dans les pays chauds, le long du littoral du Pérou, aux Indes et sur certains points de la côte d'Afrique. Mais elle se rencontre également dans les contrées septentrionales et se développe principalement sous l'influence des causes septiques que nous avons mentionnées, ou par la négligence que l'on apporte à suivre les lois de l'hygiène. Quant à la nature exacte de cette influence septique et à son pouvoir pour corrompre la nutrition du sang et de la lymphe, pour former des phthinoplasmes, elle est pour le moment incertaine; mais les recherches modernes permettent de présumer qu'elle existe sous forme de germes et que certaines conditions sont nécessaires à leur développement.

En considérant la production de la phthisie sous ces points de vue, le traitement par le climat dépend naturellement de l'origine de la maladie et de son mode de développement sous l'influence de causes septiques ou inflammatoires.

Pour la première forme, un air froid et sec, d'une grande pureté est à désirer (1), comme Archibald Smith (2) l'a si

---

(1) Nous ne devons pas omettre d'ajouter que l'atmosphère doit être calme, autrement le froid n'est pas bien supporté par les malades. Pendant une visite récente que j'ai faite à Davos-Platy, la principale station d'hiver, en Suisse, dans les points élevés, j'ai rencontré plusieurs phthisiques qui ne souffraient pas du froid et qui restaient plusieurs heures avec les fenêtres ouvertes, pourvu qu'il ne fît pas de vent. Mais ils ne pouvaient supporter le vent, même lorsque la température était modérée.

(2) *Edinburg medical and surgical journal* 1840.

bien montré ; tandis que pour la seconde, dans laquelle il faut éviter une nouvelle attaque inflammatoire, la combinaison d'un air sec et chaud paraît indiquée.

La troisième base et la plus importante de toutes dans le choix d'une station d'hiver, doit s'appuyer sur les résultats connus donnés par certains climats, pour des maladies similaires. Ici nous rencontrons le puissant argument des faits, tandis que dans les deux précédentes catégories nous nous basions sur des raisonnements *à priori*, qui, bien qu'important, n'ont point toute la force du troisième argument.

Malheureusement, bien qu'une expérience considérable ait été amassée par les médecins de tous les pays, sur les résultats de l'action des climats dans les différentes formes de la phthisie, aucune conclusion n'a été présentée à la profession, quoique les travaux qui ont été faits offrent le plus grand intérêt.

Cependant, il appartenait sans aucun doute aux médecins qui habitent les stations médicales, où l'on se donne rendez-vous, de nous fournir des observations cliniques, prises avec soin, sur l'influence des climats.

Le Dr Walshe dit avec raison : « Il est profondément regrettable que les praticiens emploient leurs heures de loisir à consigner les phénomènes météorologiques de leur résidence, plutôt que de noter consciencieusement l'état exact de leurs malades à leur arrivée et à leur départ, afin de nous fournir l'analyse de ces séries d'observations » (1).

Cet avis est fort raisonnable, car les phénomènes météorologiques peuvent être notés par des personnes qui ne font pas partie de la profession, ce qui ne peut être exécuté pour les faits médicaux.

Jusqu'à présent, les cas qui ont été publiés pour démontrer l'influence du climat dans la phthisie ont rarement été en nombre suffisant pour construire une statistique.

(1) *Diseases of the lungs.* — 4ᵐᵉ édition page 584.

Quoiqu'il en soit, des exemples saisissants sur les effets des climats ont été relatés et je citerai l'admirable description du Dr Hermann Weber qui a été publiée dans le 52me volume des *Transactions de la Société Médico-Chirurgicale* (1).

Le travail actuel est un essai basé sur des résultats statistiques sur l'action des climats, c'est la suite d'un mémoire qui a été publié dans le LIVme volume des *Transactions* de la Société Royale médico-chirurgicale ; ce mémoire était basé sur mille cas de phthisie, classés sous différents chefs. La durée de la maladie était calculée, ainsi que l'influence de l'âge, le sexe, la prédisposition de famille, l'origine. L'influence des climats était ajournée, elle fait l'objet de ce mémoire.

(1) Le choix de stations élevées pour les phthisiques est d'abord basé sur le fait de l'immunité et ensuite sur l'expérience fournie par les résultats obtenus par Archibald Smith, Guilbert, Brehmer, Weber et autres. J'espère que les médecins feront surmonter la prévention qui existe actuellement chez nous contre cette forme de traitement et que nous en ferons l'essai comme l'ont déjà fait les Allemands, les Suisses, les Danois et les Américains du Sud.

On peut ajouter aux bons résultats obtenus à Davos et Görbersdorf, ce qui se pratique dans l'Amérique du Sud, où depuis fort longtemps on envoie les phthisiques séjourner dans les hauts plateaux des Andes. Les cas d'arrêt dans la marche de la maladie ne se sont pas seulement montrés sur des Américains, mais encore beaucoup d'Européens ont pu bénéficier d'un séjour à Santa-Fé-di-Bogota, Huanaco, Jauja et Tacna. Comment les climats de montagnes agissent-ils sur les poumons ? Est-ce, comme le pense le docteur Walshe, en augmentant la capacité de la poitrine par l'inhalation continuelle d'un air raréfié, ou, suivant Brehmer, (*Die chronische lungenschwindsucht and tuberculose der lunge*, 2 nd éd. 1869) en accélérant le pouls, ce qui amène une augmentation de volume du cœur. Je n'ai pas l'espace pour discuter ici ces questions. La théorie de Brehmer, qui pense que la consomption se produit lorsque le cœur est petit et possède des fibres musculaires faibles et relâchées, a été critiquée et, suivant moi, réfutée par le Dr C. V. Mayer.

TABLEAU SPÉCIMEN

N°	Sexe	Age	ORIGINE ET NATURE	DEGRÉ	CLIMAT	EFFET		DURÉE	REMARQUES
						Local	Général		
885	M	25	Phthisie catarrhale.......	1er droit..	Inde, 3 ans, aller et retour.....	Progrès de la maladie.	Amélioration	13 ans 5 mois..	
895	M	38	Phthisie chronique........	2e gauche. 1er droit..	Nice, 1 hiver ...	Progrès........	Amélioration... ..	8 ans 3 mois...	Mort.
902	M	26	Phthisie chronique.......	1er gauche	Rome, 1 hiver..	Extension et progrès.........	Plus mauvais. . ..	1 an 2 mois...	
906	M	21	Phthisie chronique.......	1er droit..	Hyères, 1 hiver, Madère, 1 hiver.	Diminution & guérison.........	Grande amélioratiou	5 ans 6 mois..	Eté passé en Nouvelle-Ecosse.
909	M	33	Phthisie, suite de pleuropneumonie	1er droit.. Mal. cœur.	Madère, 1 hiver.	Progrès.........	Plus mauvais......	8 ans 6 mois ..	Mort.
912	M	30	Phthisie catarrhale.......	1er droit.. 1er gauche	Sud-Europe,1 hiver, Pau 1 hiver.	Progrès.	Amélioration......	15 ans 1 mois.	
905	M	23	Phthisie chronique.... ..	1er droit.. 1er gauche	Sud-Europe, 1 hiver.	Diminution......	Grande amélioration	4 ans 8 mois ..	
941	M	32	Phthisie, suite de pleuropneumonie	1er droit.. 1er gauche	Florence, 1 hiver, Pau, 1 hiver .	Progrès...... ..	Stationnaire........	5 ans 0 mois ..	Mort. L'huile de foie de morue produisit un meilleur effet que le changement de climat, car, suivant qu'elle était continuée ou supprimée, le malade gagnait ou perdait jusqu'à 35 livres.
855	M	47	Phthisie catarrhale.......	1er droit..	Madère, 2 hivers, Sud-Europe, 1 hiver.	Diminution et légère extension.	Grande amélioration	4 ans 6 mois..	
856	M	33	Phthisie chronique	1er droit . 1er gauche	Pau, 1 hiver, Sud-Europe, 1 hiver.	Progrès........	Grande amélioration	12 ans 0 mois .	
860	M	22	Phthisie catarrhale	2e droit.. 1er gauche	Nice, 1 hiver.....	Progrès........	Amélioration.......	1 an 7 mois...	
865	M	18	Phthisie chronique..... .	1er droit.. 1er gauche	Naples, 1 hiver..	Diminution......	Grande amélioration	3 ans 4 mois..	
869	M	32	Phthisie scrofuleuse......	2e droit...	Nice, 1 hiver....	Stationnaire	Grande amélioration	3 ans 4 mois..	
879	M	16	Phth. après pleuro-pneumonie.	1er gauche	Hyères, 1 hiver..	Stationnaire	Amélioration.	11 ans 9 mois.	
874	M	30	Phth. après pleuro-pneumonie.	2e droit...	Rome, 4 hiver, Nice, 1 hiver...	Diminution......	Grande amélioration	10 ans 0 mois .	

Sur mille malades qui ont été soumis à une observation d'une année et davantage, 251 ont été plus ou moins long-temps sous l'influence des climats chauds, dans des localités en dehors de l'Angleterre, pendant des périodes de temps qui ont varié entre un et onze hivers. Leur état général et l'état de leurs poumons ont été notés à leur départ d'Angleterre, et pour la plupart des cas, à leur retour. De plus, quelques renseignements ont été fournis pendant l'absence soit par le malade lui-même, soit par son médecin. Enfin, il était tenu compte, si le malade prenait régulièrement l'huile de foie de morue, ou bien s'il s'était confié à l'influence du climat seul. Ci-joint nous donnons un modèle de nos tableaux.

Je me propose de comparer les principales phases de ces observations pour établir : 1° si les cas qu'elles relatent étaient exceptionnels ou non ; 2° si le voyage a été avantageux ou non ?

Scxe.— 190 hommes et 61 femmes, — le plus grand nombre de ceux-ci est expliqué par la facilité plus grande avec laquelle les hommes peuvent voyager.

Age. — Les âges des malades, à la première attaque de la maladie, sont présentés dans le tableau suivant, ainsi que leurs proportions sur cent, suivant les différentes décades de la vie.

TABLEAU I

**Age au début de la maladie chez 251 malades qui ont passé
un ou plusieurs hivers en voyage.**

	HOMMES		FEMMES		TOTAUX	
	NOMBRE	PROPORTION sur cent	NOMBRE	PROPORTION sur cent	NOMBRE	PROPORTION sur cent
Au-dessous de 20 ans......	23	12.10	20	32.78	43	17.13
De 20 à 30............	89	46.74	30	49.18	119	47.41
De 30 à 40	51	26.08	8	13 11	59	23.50
De 40 à 50	22	11.57	2	3.27	24	9.56
De 50 à 60	3	1.50	..	....	3	1.11
De 60 et au-dessus	2	1.05	1	».61	3	1.11
	190		61		251	

L'âge moyen du début de la maladie a été pour les
hommes 29,04 et pour les femmes 23,59. En comparant ce
tableau avec un semblable (1), sur le nombre total des malades nous trouvons un excès de presque 6 pour cent dans la
décade de 20 à 30 ans pour les deux sexes réunis et aussi une
prépondérance de 7 1/2 pour cent pour les hommes seuls dans
la même période de la vie. Pour les femmes, la proportion sur
cent dans les décades au-dessous de 20 ans, de 20 à 30 et de
30 à 40 est légèrement plus élevée.

Nous pouvons conclure toutefois, que l'âge au début, pour
ces cas, sous le rapport de l'influence du climat, ne diffère
guère de celui de l'ensemble, du nombre total; mais les
femmes qui ont voyagé ont été attaquées par la maladie
plutôt que les femmes placées dans les autres catégories.

Prédisposition héréditaire. — Les prédispositions de familles
existaient dans 131 cas ou dans 52,19 pour cent, les prédis-

(1) Voir vol. LIV, p. 101.

positions héréditaires dans 68 ou dans 27,9 pour cent. Ces deux proportions sont plus élevées que celles prises sur l'ensemble qui étaient, pour la prédisposition de famille, de 48,4 pour cent et pour la prédisposition héréditaire, de 25 pour cent. Cette différence tient à ce fait, que la maladie s'est montrée plus tôt chez les femmes qui ont voyagé. Généralement la maladie se développe de bonne heure chez les femmes lorsqu'il existe des prédispositions de famille (1).

Origine et nature de la maladie. — Les malades avaient pour la plupart les symptômes classiques de la phthisie. Cependant quelques uns ont présenté des exemples de ses variétés. Onze malades étaient atteints de la forme scrofuleuse; chez d'autres, la maladie de poitrine était compliquée de maladie des os, de fistules à l'anus, de glandes engorgées et en suppuration. Dans 55 cas, les symptômes se manifestèrent après une attaque de pneumonie, de pleurésie, de pleuro-pneumonie, les produits de l'inflammation ne s'étant pas résorbés. Chez 41 malades, la maladie était d'origine catarrhale et avait été précédée de bronchites, soit aiguës, soit chroniques; — 2 malades étaient syphilitiques — 6 autres étaient asthmatiques lorsque la maladie se déclara. Dans 6 cas, nous avons noté la variété que nous avons décrite sous le nom de hémorrhagique (2). Les 130 cas restant ont présenté les signes caractéristiques de la consomption progressive.

L'hémoptysie plus ou moins intense a été notée dans 157 cas ou dans les 2,54 pour cent. Dans 1000 cas, la moyenne fut 57 pour cent.

État des poumons. Pour établir clairement l'état des poumons chez ces malades avant leur départ de l'Angleterre et les effets des divers climats, nous avons construit un tableau qui, sous les dénominations, « État des poumons avant le départ de l'Angleterre, état des poumons au retour en Angleterre, » donne les renseignements les plus précieux.

(1) *Op. cit.*
(2) *Pulmonary consomption*, p. 155.

TABLEAU II

Montrant l'influence des climats chauds sur l'état des poumons, dans 251 cas de phthisie.

DEGRÉ.	NOMBRE.	PROPORTION SUR %.	ÉTAT DES POUMONS AVANT DE QUITTER L'ANGLETERRE.	ÉTAT DES POUMONS EN RETOURNANT EN ANGLETERRE							
				Guérison.	Décroissance	Stationnaire	Avancé.	Avancé et étendu.	Plus étendu.	Inconnu.	Totaux.
1er	153	61.00	69 Le poumon droit seul attaqué.	5	21	13	11	9	6	4	69
			38 Le poumon gauche seul attaqué.	2	15	4	3	6	6	2	38
			46 Les deux poumons attaqués.	1	19	3	15	6	2	0	46
			153	8	55	20	29	21	14	6	153
2me	54	21.51	14 Le poumon droit seul attaqué.	0	7	0	5	1	0	1	14
			5 Le poumon droit au 2me degré et le gauche au 1er.	0	1	0	3	0	0	1	5
			19 Le poumon gauche seul attaqué.	2	11	2	3	1	0	0	19
			8 Le poumon gauche au 2me degré et le droit au 1er.	0	1	3	3	0	0	1	8
			8 Les deux poumons au 2me degré.	0	3	1	3	1	0	0	8
			54	2	23	6	17	3	0	3	54
3me	44	17.52	15 Le poumon droit seul attaqué.	1	5	3	1	0	1	4	15
			6 Le poumon droit au 3me degré et le gauche au 1er.	0	2	1	2	1	0	0	6
			12 Le poumon gauche seul attaqué.	0	2	2	3	1	1	3	12
			8 Le poumon gauche au 3me degré.	1	2	1	4	0	0	0	8
			3 Les deux poumons au 3me degré.	0	2	0	1	0	0	0	3
			44	2	13	7	11	2	2	7	44
	251			12	91	33	57	26	16	16	251

RÉSUMÉ.

		NOMBRE —	MOYENNE (Inconnu non compris.)

1ᵉʳ Degré.

		NOMBRE	MOYENNE
Guérison.......... Diminution......... } Amélioration...		63	42.56
Stationnaire...........................		20	13.51
Progrès........... Progrès et extension. } Plus mal...... Extension...........		64	43.53
Inconnu..............................		6	—

2ᵐᵉ Degré.

		NOMBRE	MOYENNE
Guérison. .... Diminution......... } Amélioration...		25	49.21
Stationnaire...........................		6	11.76
Progrès........... Progrès et extension. } Plus mal...... Extension...........		20	29.21
Inconnu..............................		3	—

3ᵐᵉ Degré.

		NOMBRE	MOYENNE
Guérison.......... Diminution........ } Amélioration...		15	40.54
Stationnaire...........................		7	18.91
Progrès........... Progrès et extension. } Plus mal...... Extension...........		15	40.54
Inconnu..............................		7	—

Totaux.

		NOMBRE	MOYENNE
Guérison.......... Diminution........ } Amélioration...		103	43.64
Stationnaire...........................		33	13.98
Progrès........... Progrès et extension. } Plus mal...... Extension...........		99	41.94
Inconnu..............................		16	—

Ce tableau nous montre que 61 pour cent des malades étaient au 1er degré, 21 1/2 pour cent au 2e et 17 1/2 pour cent au 3e degré, lorsqu'ils quittèrent l'Angleterre. Nous voyons également que 33 pour cent avaient les deux poumons atteints, et 67 pour cent un seul ; le droit seul était attaqué dans 39 pour cent et le gauche seul dans 27 1/2 pour cent. En comparant ces données avec celles fournies par les 1000 cas, nous trouvons que les cas qui ont été soumis à l'influence du climat avaient 5 pour cent en moins au 1er degré, mais 3 1/2 pour cent en plus au 2e et 3 pour cent en plus au 3e degré.

D'un autre côté, la proportion sur cent, des cas dans lesquels les deux poumons étaient attaqués, est de 12 pour cent en moins que dans le nombre total, dont la moyenne de la proportion sur cent était de 33,06 à 45,40 (1). D'où il ressort que la maladie était légèrement plus avancée dans ces cas, mais, en même temps plus localisée : le poumon opposé étant relativement atteint dans la petite proportion de 33. Ce fait forme un élément favorable dans le pronostic, certainement suffisant pour contrebalancer la moyenne beaucoup plus forte du deuxième et du troisième degré.

Avant de considérer l'état des poumons au retour des malades en Angleterre, nous devons donner quelques détails sur les climats dans lesquels ils ont vécu pendant des périodes de temps qui ont varié d'une à onze saisons d'hiver. Pour quelques pays lointains tels que la Nouvelle Zélande, le Cap, etc., les malades ont également séjourné pendant l'été.

Nous devons noter que dans le choix de leurs stations d'hiver les malades n'agissent pas toujours suivant l'avis de leur médecin, mais suivant leur caprice ou leur convenance. C'est ce qui explique la préférence pour certaines localités qui sont désignées dans le tableau III.

La classification des climats n'est pas facile et un groupement a été essayé sous les titres : «Climats de terre tempérés et humides » , « climats secs du bassin de la Méditerranée, » « climats très-secs de l'Afrique » , « climats humides et

---

(1) Ce chiffre est beaucoup plus considérable que celui enregistré dans mon dernier mémoire, dans lequel il n'était tenu compte que des cas ou la maladie d'une manière incontestable siégeait dans les deux poumons.

3

chauds de l'Atlantique. » De ces groupes, le premier, qui renferme Pau et Bagnères de Bigorre, est caractérisé par une température modérée, même en hiver; un grand nombre de jours de pluie et une absence presque totale de vents. Ce climat est reconnu par les meilleures autorités comme sédatif. J'ai exclu Rome de ce groupe, bien que cette ville possède plusieurs traits communs, mais elle en diffère surtout par son manque d'abri contre les vents.

Le second groupe (1) comprend les localités situées dans le bassin de la mer Méditerranée, elles jouissent d'une température d'hiver plus élevée et d'une latitude sud dont la chaleur est égalisée par la Méditerranée, qui possède cette propriété à un degré plus élevé que l'Atlantique, comme le prouvent les recherches modernes (2). Le climat d'hiver est caractérisé par une bonne température moyenne, sujette cependant à de grandes variations, à cause de l'influence des vents impétueux qui sont froids quelquefois, par des petites ondées et par quelques jours de pluie. La sécheresse de l'atmosphère combinée avec l'excitation produite par l'influence maritime donne au climat un caractère franchement stimulant.

Le sous-groupe de la Rivière diffère des autres climats de la Méditerranée, et bien qu'il soit situé plus au nord, il jouit d'une protection très-efficace, contre les vents du Nord par les Alpes Maritimes.

(1) Marseille est un centre de population trop considérable et son climat est trop variable pour que l'on puisse présenter cette ville comme station d'hiver. Cependant les phthisiques venant du Nord et se rendant dans les points de refuges du bassin de la Méditerranée, n'ont pas à redouter ce séjour quand le mistral (N.–O) ne règne pas. Le tableau suivant, qui donne la température moyenne de Marseille et de Nice, montre que ces résidences ont à peu près la même température.

	Hiver	Printemps	Été	Automne
MARSEILLE	7.75	12.45	21.06	13.08
NICE	8.33	13.07	22.09	16.17

Quant aux malades que j'ai observés à Marseille et qui y était acclimatés, chez lesquels un climat stimulant et sec était indiqué, le Cannet, Monaco, Menton, San–Remo et Alger m'ont fourni les meilleurs résultats. Le Caire à été très salutaire chez ceux dont l'état réclamait un climat stimulant et très sec. (E. N.–D.)

(2) M. Carpenter and Jeffreys' Report. — Proceedings of the Royal Society.

Malaga possède des propriétés qui ressemblent beaucoup à celles du groupe de la Rivière, mais son climat est plus chaud et plus sec.

Alger et les îles de la Méditerranée ont un climat moins sec que les autres localités du groupe, mais il est assez stimulant.

Le troisième groupe des climats très secs, renferme des localités, les unes dans l'intérieur des terres, les autres au bord de la mer ; il est caractérisé par une température hivernale plus élevée et par une plus grande sécheresse. Il renferme l'Egypte, la Syrie, le Cap et Natal. Je sais que la saison d'été est au Cap et à Natal humide et orageuse, mais la saison d'hiver est sèche.

Le quatrième groupe, composé des climats chauds de l'Atlantique, présente une combinaison d'une température d'hiver élevée, accompagnée d'une grande humidité, ce qui le fait généralement considérer comme nettement sédatif. Ainsi Madère, les Canaries, les Indes Occidentales. — Tanger occupe probablement une place intermédiaire, entre les groupes de l'Atlantique et de la Méditerranée ; mais le manque de documents météorologique ne me permet pas de l'affirmer.

Les autres localités ont été étudiées trop superficiellement pour les classer. Quant aux voyages sur mer, ils doivent être combinés de telle sorte, que les malades rencontrent les saisons chaudes, dans les pays qu'ils visitent.

Les uns vont au Cap, dans l'Inde, en Chine, les autres en Amérique, les autres aux Indes Occidentales, beaucoup en Australie.

Pour aller rapidement, nous dirons que 251 malades ont profité de 548 hivers dans différents pays chauds, les uns secs et stimulants, les autres humides et sédatifs, ce qui donne une moyenne de 2 hivers 1⟋2 par malade. Nous avons aussi 18 malades qui ont fait 45 voyages, dans les différentes parties du monde, ce qui nous donne une moyenne de 2 voyages 1⟋2 par malade.

Maintenant, nous chercherons quels ont été les effets produits sur les malades, pendant leur séjour hors du pays natal. D'abord, considérons les changements qui sont produits dans leur état général. Ces résultats ont été décrits (p. 11) sous les titres : *Considérablement amélioré, amélioré, stationnaire, plus mal.* Nous trouvons que 85 malades, ont été considérablement améliorés, 78 améliorés, 15 sont restés stationnaires, 73 sont allés plus mal, ou en d'autres termes 65 pour cent, ont été plus ou moins améliorés, 6 pour cent sont restés stationnaires, et 29 pour cent se sont aggravés. Enfin , 13 malades sont morts pendant leurs voyages. Cette haute moyenne d'améliorations, s'élevant presque aux deux tiers, doit être considérée comme satisfaisante.

État local. — L'état des poumons de ces malades à leur retour en Angleterre a été classé de la manière suivante : 1° *guérison*, lorsqu'il ne restait aucun signe physique de la maladie ; 2° *diminution* ; 3° *état stationnaire* ; 4° *progrès*, signifiant progrès dans la voie du ramollissement et de l'excavation ; 5° *extension*, lorsqu'une plus grande partie du poumon est attaquée, ou bien lorsque l'autre poumon a été atteint ; 6° *progrès et extension*, lorsque ces deux états se sont montrés.

Le tableau II montre que, sur 251 malades, 12 sont retournés guéris. Chez 91, la maladie avait diminué, et chez 33 elle était restée stationnaire, dans 57 cas elle avait progressé, dans 16 elle s'était étendue , dans 26 elle avait progressé et s'était étendue enfin chez 16 malades la situation de l'état local était restée inconnue.

Si maintenant nous réunissons les cas de « guérison » et de « diminution » sous le titre : « améliorés » et les cas de « progrès » et « d'extension » sous le titre de : « plus mal », et si nous excluons les cas classés sous le titre : « inconnu », nous arrivons à la moyenne suivante : améliorés, 43 1⁞2 pour cent; stationnaires, 14 pour cent; plus mal, 42 pour cent. La moyenne des cas améliorés étant seulement de 1 1/2 pour cent, de plus que ceux dont l'état s'était aggravé.

Examinant les changements suivant les degrés, nous trouvons que des 153 cas au premier degré, 42 1⁞2 pour cent se sont améliorés, 43 1/2 pour cent, sont allés plus mal, et 13 1/2 pour cent sont restés stationnaires. Des 54 cas au 2ᵐᵉ degré, 49 1⁞2 pour cent se sont améliorés, 11 1⁞2 pour cent sont restés stationnaires et 29 1⁞2 pour cent sont allés plus mal. Des 44 au 3ᵐᵉ degré, la moyenne fut de 40 1⁞2 pour cent, pour les cas améliorés et pour ceux qui étaient plus mal, tandis que la

moyenne des cas restés stationnaires, a été de 19 pour cent.
Un des résultats curieux de cette étude , c'est que la plus
grande moyenne pour les cas améliorés et la plus petite pour
les cas restés stationnaires ou aggravés, s'est rencontrée dans
le 2me degré, bien qu'à *priori* le raisonnement aurait dû con-
duire à une conclusion différente. Il peut bien se faire que,
dans quelques cas, la crépitation indiquant soit une conges-
tion, soit un dépôt de lymphe plastique ait été prise pour un
signe de ramollissement, ce qui n'est pas toujours facile de
déterminer. Un autre résultat à noter, c'est que la moyenne
des cas « améliorés » ou « plus mal » sont égaux au 1er et au
2me degré, et si on les compare au petit nombre des cas stationnaires, on voit que les climats ont une action marquée
dans un sens ou dans un autre, soit pour accélérer la marche
de la maladie, soit pour en arrêter les progrès.

Les résultats obtenus au troisième degré sont encou-
rageant au point de vue de la convenance qu'il y aurait à faire
voyager des malades ayant des cavernes, car en exceptant le
danger d'un pneumothorax ou d'une hémoptysie ayant sa
source dans de petits anévrysmes pulmonaires, les malades
présentant de petites cavernes ne sont pas dans de plus mau-
vaises conditions que les autres. Le nombre de guérisons au
premier degré a été de 8 ; 7 avaient un poumon atteint ; 1 les
deux ; au deuxième degré, deux guérisons : dans les deux cas
le poumon gauche était seul attaqué ; au troisieme degré,
deux guérisons ; dans ces deux cas les deux poumons étaient
malades.

Une comparaison entre l'état local et l'état général montrera
combien il est commun, et c'est ce que savent ceux qui ont
une grande expérience de la consomption, qu'un malade peut
gagner en poids, en couleur, en force, en embonpoint, tandis
qu'il ne présentera pas d'amélioration dans l'état de ses poumons et qu'au contraire la maladie aura fait des progrès at-
testés par les signes physiques.

Retournons maintenant aux climats, à leurs différents groupes et à leur action sur les malades. En plaçant sous forme de
tableaux les effets des divers climats sur les malades, nous
avons confondu sous une même dénomination les résultats
obtenus soit sur l'état général, soit sur l'état local.

TABLEAU III montrant l'influence des climats chauds dans 251 cas de phthisie pulmonaire.

Climats	Localité — observations	Nombre d'hivers	Nombre des malades	RÉSULTATS — Amélioration considérable	Amélioration	Stationnaire	Plus mal	Proportion sur cent d'hiver par malade	Proportion sur cent — groupe	considérablement amélioré et amélioré	Stationnaire	Plus mal
Climats tempérés et humides dans l'intérieur des terres.	Arcachon. — Température moyenne de l'hiver 7.77° sédatif............	1	1	..	1	...	....	....				
	Pau. — Température moyenne de l'hiver 6.00°; jours de pluie 119, sédati[f]	74	43	5	16	2	20	1.70				
	Bagnères de Bigorre. — Climat semblable à celui de Pau............	2	1	1	..	..	..	..		50 00	4.55	45.45
	Rome. — Température moyenne de l'hiver, 9.38 c., pluies abondantes, exposée aux vents. Climat plus stimulant que celui de Pau............	22	18	4	6	2	6	1.23		55.56	11.11	33.33
	Rivière : Hyères. — Ces localités jouissent d'un climat d'hiver, beaucoup plus chaud que celui de l'Angleterre, moins humide et beaucoup plus stimulant, d'une température moyenne de 8.33 c. à 9.72 c., hauteur de pluie tombée, 25 pouces, nombre de jours de pluie, de 45 à 80, bien abritées des vents froids, stimulant.	35	23	4	9	6	4	...				
	Cannes.	39	19	6	6	3	4	...				
	Nice et Cimiez.	20	18	6	8	3	1	...				
	Menton.	24	12	2	3	2	5	1.64	Rivière (82 malades).	58.53	20.73	20.73
	San-Remo.	8	3	..	..	2	1	....				
	Rivière en général.	9	7	1	3	1	2	...				
Climats secs du bassin de la Méditerranée.	Malaga. — Moyenne de l'hiver, 13.33 c., hauteur de pluie tombée, 16 pouces et demi; jours de pluie, 40; bien abrité; stimulant............	10	8	2	4	2	..	1.56	Bassin de la Méditerranée (100 malades).	58.00	21 00	21.00
	Ajaccio. — Moyenne de l'hiver, 11.66 c., jours de pluie nombreux, bien abritée, moins stimulant que Malaga.....................	1	1	..	..	1	..	..				
	Palerme. — Moyenne de l'hiver, 11.66 c., température variable, mal abritée..	1	1	..	..	..	1	1 51	Sud de l'Europe et bassin de la Méditerranée (152 malades)			
	Malte. — Température moyenne de l'hiver, 14.14; c. climat plus sec que celui de Palerme; très exposée aux vents......................	2	2	1	..	1	..	..		62.50	20.39	17.10
	Corfou. — Moyenne de l'hiver, 12.36 c., climat très variable, pluies abondantes........	1	1	..	1	..	..	..				
	Chypre. —	2	1	...	...	...	1	...				
	Alger. — Température moyenne de l'hiver, 13.33 c., hauteur de pluie tombée, 32 pouces, 87 jours de pluies, plus humide que la Rivière, stimulant...	4	4	...	2	...	2	...				
Climats très secs.	Sud de l'Europe en général. — Hiver passé dans plusieurs stations.....	73	52	16	21	5	10	...				
	Egypte et Syrie. — Température moyenne de l'hiver, 14 73 c., 15 jours de pluie, extrême sécheresse....................	26	20	6	7	5	2	1.30	Egypte seule.	65.00	25.00	10.00
	Cap et Natal. — Moyenne de l'hiver, 15.55 c., peu de pluie............	13	9	1	3	2	3	1.34	Climats très secs.	58.62	24.13	17.24
	Tanger. — Climat probablement intermédiaire entre celui d'Alger et de Madère..	11	3	2	1	..	..	...				
Climats humides et chauds de l'Atlantique.	Madère. — Température moyenne de l'hiver, 15.88 c., jours de pluie, 88, hauteur d'eau de pluie, 30 pouces, climat chaud et humide, sédatif...	102	63	14	20	9	20	1.61		53.81	14.28	31.91
	Canaries (Ténériffe). Semblable à Madère, sédatif..........	1	1	..	..	.	1	1.71	Climats humides des îles de l'Atlantique (70 malades).	51.43	14.28	34.29
	Sainte-Hélène.	1	1	..	1	..	..	..				
	Indes occidentales.	16	5	1	..	1	3	..				
	Inde (en général)	30	10	7	2	...	1	3.00				
	Nouvelle Zélande	19	4	..	3	1	...	..				
	Amérique du Sud (Andes)..............	1	1	1	..	...	...	...				
	Voyages maritimes : Australie, Amérique, Inde, Chine, Cap, Indes occidentales..............	45	18	7	9	1	1	2.50	Proportion sur cent (de voyages par malade).	89.00	5.50	5.50
		593	350	87	126	49	88					

Moyenne d'hivers passés en voyage par chaque malade...... 2.36

Etudions d'abord les climats humides. Le groupe de Pau et de Bigorre fournit, sur un total de 44 cas, presque un nombre égal « d'améliorés » et de « plus mal » avec une moyenne de 4 1/2 pour cent de « stationnaires » ; c'est-à-dire, la moyenne la plus forte pour « plus mal » et la plus petite pour « améliorés » et « stationnaires » , d'après le tableau.

Sur 18 malades qui ont passé l'hiver à Rome 55 1/2 pour cent ont été mieux, 11 pour cent sont restés stationnaires, et 33 pour cent ou un tiers environ ont été plus mal. Le groupe des climats humides de l'Atlantique donne 51 1/2 pour cent d'améliorés, 14 1/2 pour cent de stationnaires, et 34 1/4 pour cent de plus mal ; en seconde ligne, la plus grande proportion de plus mal.

Les malades qui sont allés à Madère formant la plus forte quote part de cette classe, donne la même moyenne de stationnaires, mais une plus grande proportion d'améliorés, et une plus petite de plus mal. Il ressort par suite, que les climats humides d'une part, et de l'autre, ceux qui sont chauds ou froids, fournissent une moyenne d'améliorés variant de 50 à 55 pour cent, de stationnaires, de 4 1/2 à 14 1/4, et de plus mal, de 32 à 45.

Examinons maintenant les effets des climats secs. La Rivière de Gênes si bien abritée, sur 82 malades donne les résultats suivants : 58 1/2 pour cent améliorés et 20 3/4 pour cent stationnaires et plus mal.

Le bassin de la Méditerranée, qui renferme, outre la Rivière, Malaga, Alger et les îles de la Méditerranée, Ajaccio, Corfou, Palerme, Malte, Chypre donne une moyenne semblable.

Si nous prenons les 52 malades, qui ont voyagé dans le Sud de l'Europe et si nous divisons leur saison d'hiver entre les différentes stations, nous obtenons 62 1/2 pour cent d'améliorés, 20 pour cent de stationnaires, et 17 pour cent de plus mal, ce qui est un excellent résultat.

Les climats très-secs de l'Egypte et du Cap, etc. etc. ont été essayés dans 29 cas et ont fourni 58 1/2 pour cent améliorés, 24 pour cent stationnaires, et 17 1/4 pour cent plus mal.

Dans ce groupe, l'Egypte, qui a fourni 20 malades sur 29, occupe facilement la première place parmi les stations d'hiver. Elle donne 10 pour cent de plus mal, 65 pour cent d'améliorés et 25 pour cent de stationnaires.

Les résultats les plus favorables ont été obtenus par les voyages sur mer. 18 cas fournissent 89 pour cent d'améliorés et seulement 5·1/2 pour cent de stationnaires et de plus mal.

Les résultats qui viennent d'être exposés établissent d'une manière positive que les climats humides, soit tempérés comme Pau et Rome, soit chauds comme Madère et les Indes occidentales, ne sont pas favorables. D'une part, la proportion sur cent de leurs cas améliorés est plus faible que celle fournie par les climats secs de la Méditerranée et de l'Afrique ; d'autre part, celle des cas stationnaires est également plus considérable. Cette différence est malheureusement, expliquée par l'influence des climats humides qui fournissent une plus grande part de cas plus mal. En effet, la moyenne des plus mal pour les climats secs, varie de 10 à 21, tandis que pour les climats humides, elle varie de 32 à 45.

On se demandera peut-être s'il n'existait pas une très-grande différence entre les malades envoyés aux différentes stations ? Ceux qui ont été envoyés à Pau, à Madère, à Rome, n'étaient-ils pas plus avancés que ceux qui sont allés sur les côtes de la Méditerranée et en Egypte ?

Il n'est pas facile de déterminer tous les éléments de comparaison entre des cas de phthisie, comme la somme d'irritation, le degré de fièvre, la moyenne de la marche de la maladie, etc. etc. Cependant on peut se former un jugement par le nombre de cas à chaque degré, et aussi par le nombre de malades chez lesquels les deux poumons étaient atteints, d'après le tableau suivant :

TABLEAU IV.

Moyenne de l'état relatif des poumons chez les malades passant l'hiver dans différents climats (secs et humides).

	1er DEGRÉ.	2me DEGRÉ.	3me DEGRÉ.	Les DEUX POUMONS atteints.
	pour cent.	pour cent.	pour cent.	pour cent.
PAU	52.20	34.00	13.60	38 63
MADÈRE	62.85	20.00	17.14	40.00
ROME	72.22	16.57	11.11	38.89
SUD DE L'EUROPE ..	58.55	20.38	21.05	35.53
ÉGYPTE, CAP, etc..	62.05	27.58	10.34	20.68
VOYAGES MARITIMES.	72.22	11.11	16.67	27.78

De ce tableau, il ressort qu'au point de vue des lésions occupant les deux poumons, les malades qui en étaient porteurs et qui se rendirent dans des climats humides, étaient les plus mal. Sous ce rapport, les sujets qui furent envoyés dans le Sud de l'Europe différaient seulement de 5 pour cent de ceux qui allèrent à Madère, et qui furent les plus nombreux. Mais les malades qui firent des voyages sur mer et qui allèrent en Egypte furent les plus favorisés et leur moyenne différait de 20 pour cent de ceux qui allèrent à Madère. D'un autre côté, au point de vue du degré, les cas envoyés à Pau étaient légèrement moins favorables; ensuite viennent ceux envoyés dans le Sud de l'Europe, à Madère, en Egypte. Enfin les plus favorables sont ceux qui furent envoyés à Rome et qui firent des voyages sur mer. En considérant les malades sous ces deux aspects (degré et lésion siégeant des deux côtés) nous pouvons conclure que ceux qui ont passé l'hiver à Pau étaient dans des conditions un peu moins favorables que les autres et que ceux qui ont fait des voyages sur mer étaient dans des conditions plus favorables; mais quant aux autres, ils présentaient peu de différences. Ceux qui sont allés au Sud de l'Europe n'étaient pas dans une meilleure situation que ceux qui sont allés à Madère. Ceux qui se sont rendus à Rome étaient dans un état un peu plus favorable.

C'est à des causes inhérentes aux climats et non aux malades que l'on peut attribuer la grande différence obtenue dans les résultats, suivant que les hivers ont été passés dans telle ou telle localité. On doit se rappeler que plusieurs malades avaient essayés de différents séjours dans des hivers successifs, ce qui nous a donné des points de comparaison.

Pourquoi les climats de Pau, Rome et Madère ont été moins favorables que ceux de la Méditerranée et de l'Egypte ?

Pau, a une température moyenne pendant l'hiver inférieure à celle de Torquay ou de Penzanc et beaucoup plus basse que celle de Nice, les variations thermométriques sont grandes à cause du voisinage des Pyrénées, qui sont couvertes de neiges pendant l'hiver et qui, comme toutes les hautes montagnes, attirent les nuages. Les jours de pluie sont nombreux, la quantité d'eau tombée est considérable et quelquefois il y a de la neige. Mais les vents froids sont rares et en quelque sorte il ne fait jamais de vent. On a dit que le climat de Pau n'était pas humide, mais les observations hygrométiques du Dr More Madden (1) sur cette localité donnent, comparées à celles de Kew pendant l'hiver de 1862, une différence presque nulle entre ces deux pays. Le climat de Pau a cependant été fort vanté, mais comme le dit très bien le Dr More Madden, « aucun éloge ne modifie la température d'une localité, et ne peut ajouter un degré de chaleur à celle marquée par l'échelle thermométrique. » C'est un climat froid et comparé avec les climats secs de notre liste, c'est un climat humide. Le grand nombre de jours de pluie que l'on rencontre obligent à garder la maison, ensuite les changements de température prédisposent aux attaques inflammatoires. Ces raisons sont suffisantes pour expliquer les résultats moins favorables obtenus dans cette localité. La qualité réelle de Pau est comme résidence de printemps,

(1) Change of climate, p. 253.

lorsque les localités plus au Sud sont exposées aux vents ou déjà trop chaudes à cette époque de l'année.

Rome, a une moyenne hivernale semblable à celle de Nice, mais le climat est très variable. En effet, cette ville est placée dans une large plaine marécageuse et n'est protégée par aucun abri. L'atmosphère contient une grande quantité d'humidité, car la campagne est formée d'un sol de pouzzolane sur laquelle la ville est bâtie. Ce sol absorbe l'humidité avec une rapidité étonnante et elle s'en échappe sous forme de vapeur, sous l'influence des rayons solaires. La hauteur d'eau de pluie est considérable et les jours de pluie sont très nombreux. On peut considérer le climat de Rome comme plus froid et plus humide que celui de la Rivière. Je n'ai pas à étudier plus longuement les avantages et les désavantages de Rome, j'ai donné ailleurs (1) mes raisons pour repousser cette résidence comme station pour les malades et sa transformation en capitale de l'Italie ne modifie pas ma manière de voir. Je ferai remarquer en passant que pour assainir la campagne Romaine, il ne suffira pas de la drainer et de bâtir, mais, suivant le père Secchi, il faudra reboiser les collines environnantes pour localiser les pluies et retenir l'humidité, qui maintenant descend des coteaux et rend la plaine marécageuse.

Madère et les autres îles de l'Atlantique, jouissent d'une température d'hiver et de printemps de 12 à 19 degrés plus élevés que Nice et d'une égalité parfaite.

Les vents froids sont inconnus et même les vents chauds sont rares. Le nombre de jours de pluie est fort minime. A première vue ce climat paraît subir l'influence énergique de l'Atlantique, cependant il est remarquable par la constance de sa température, il ne présente aucune ressemblance avec les climats variables de Pau et de Rome, toutefois il y a un trait commun à tous les trois et qui se montre à Madère d'une manière plus prononcée, c'est l'humidité, qui lui donne son influence sédative si marquée. L'atmosphère est tellement satu-

(1) Climate of south of France.

rée d'eau et, suivant le docteur Walshe (1), l'humidité est telle
que des bottes exposées à l'air pendant un seul jour se cou-
vrent de moisissures, d'autre part le fer s'oxide très-rapide-
ment. La combinaison de la température élevée et de l'excès
d'humidité devient une cause de diarrhée et d'un état de lan-
gueur qui produit de l'amélioration dans les symptômes d'irritation pulmonaire.

Parmi nos malades, ceux qui ont été améliorés prenaient
l'huile de foie de morue régulièrement et étaient assez forts
pour monter à cheval ou pour se faire porter en hamac. Ceux
qui étaient plus mal, ne pouvaient faire de l'exercice parce
qu'ils étaient trop faibles, d'autre part ils ne pouvaient tolérer
l'huile. Chez ceux-ci le ramollissement et les excavations mar-
chaient rapidement. Ces résultats diffèrent considérablement
de ceux obtenus par le docteur Lund (2), qui, sur 100 malades
qui séjournèrent à Madère pendant l'hiver, constate 47 cas.
d'arrêts dans la maladie et 53 dans lesquels la maladie con-
tinue à progresser. La proportion des cas que le docteur Lund
a observés au premier degré était plus petite que la nôtre, ce
qui nous faisait attendre un résultat moins favorable. Le docteur Renton (3) cependant établit que sur 47 cas de phthisie
confirmée arrivant à Madère, 32 moururent dans les six pre-
miers mois et que les autres les suivirent petit à petit, mais
que sur 35 cas au début, ou, comme le diagnostic fut fait en 1827,
de phthisie douteuse, 26 retournèrent en Angleterre considérablement améliorés. Les vingt malades de Brompton Hospital,
qui furent choisis pour profiter de l'influence du climat, trois
seulement retournèrent améliorés, un mourut à Madère et les
autres amaigris présentèrent les signes de la maladie à une
période avancée. Ces derniers ne prenaient pas l'huile de foie
de morue et confirment les résultats de notre statistique.

Je citerai un de ces malades qui se trouve maintenant à
Brompton Hospital, sous les soins du docteur Quain. La maladie

(1) Op. cit.
(2) Association médical journal 1853.
(3) Edinburgh medical and surgical journal. — Vol. XXVIII.

a commencé depuis quinze ans et on a constaté des signes de cavernes depuis onze ans. Ce malade n'a obtenu aucun bénéfice de son séjour à Madère, mais en prenant régulièrement l'huile de foie de morue, en passant l'hiver convenablement abrité à Brompton Hospital il mène une existence tolérable.

Quoique la statistique de Madère soit défavorable, je constate que plusieurs des malades dont l'état s'est amélioré, ont obtenu ce résultat rapidement, les cavités se sont oblitérées et les forces sont vite revenues.

Les Indes-Occidentales ont été classées dans les climats chauds humides, de même que Madère, quoique la température moyenne y soit plus élevée. Les résultats fournis par le petit nombre de malades qui ont passé l'hiver dans ces pays lointains sont encore plus défavorable que ceux donnés par Madère.

La conclusion générale concernant les climats de Pau, Rome, Madère est que l'humidité contenue dans l'atmosphère aussi bien que l'absence d'éléments stimulants les rend moins profitables pour les phthisiques d'une manière générale que les climats plus secs et plus toniques.

On peut répondre à cette conclusion que si les climats ne sont pas convenables pour la forme ordinaire de la phthisie chronique, ils peuvent précisément, par leur manque d'élément excitant, être utiles dans les cas de phthisie dans lesquels il existe de la fièvre ou un état d'irritation de l'intestin ou du système vasculaire. Nous n'avons pas assez d'exemples dans notre statistique pour éclaircir ce sujet, mais je ne pense pas que pour cette catégorie de malades les voyages soient utiles.

Ce qui nous reste à étudier ne nous tiendra pas longtemps, la proportion sur cent des climats chauds parle d'elle-même. Il est bon de noter que la moyenne des résultats fournis par le sud de l'Europe, pris d'une manière générale, est légèrement plus favorable que celle de la Rivière considérée seule. De ceci, nous déduisons que c'est le climat sec et échauffé par le soleil de l'Est de l'Europe combiné avec l'influence réchauffante de la Méditerranée qui agit d'une manière avantageuse sur les phthisiques et qu'il n'est pas nécessaire pour eux de rester enfermés tout l'hiver dans un réduit bien abrité. Les malades pour lesquels ce climat a été le plus favorable sont ceux qui ont passé leur temps à voyager de ville en ville en le partageant entre les différentes stations d'hiver.

Les résultats fournis par l'Egypte, parmi les climats d'hiver très-secs, sont vraiment remarquables et montrent ce qu'une atmosphère chaude, sèche comme celle de l'Egypte moyenne et supérieure peut produire malgré le mauvais côté d'une nourriture défectueuse et le manque de confortable. Il est fâcheux qu'un voyage sur le Nil et un hiver passé en Egypte soit trop coûteux pour le plus grand nombre des phthisiques.

Parmi les divers climats, nous devons consigner que l'Inde donne de bons résultats, mais nous noterons que sur 9 malades qui ont séjourné dans les différentes parties de cette contrée, 6 étaient au premier degré et 2 seulement au troisième. Un de ces malades, qui avait une large caverne dans un poumon et quelques points indurés dans l'autre, vécut ainsi plus de dix ans et la plus grande partie de son temps fut rempli par l'accomplissement des devoirs de colonel d'un régiment dans l'Inde et par les fatigues de différentes sortes de *sport*, entre autres la chasse au tigre. Le seul malade qui se rendit dans les hauts plateaux des Andes était au premier degré, il habita dans les montagnes de Pérou à 6000 pieds au-dessus du niveau de la mer. Pendant son séjour il né toussa pas, mais il eut plusieurs hémoptysies. Je ne puis pas attribuer ce symptôme à l'influence seule du climat de montagne.

Le grand succès des voyages maritimes mérite d'être noté, bien que ce résultat soit opposé à celui de Rochard (1), qui a montré que les marins de la marine française qui ont croisé presque entièrement sous les tropiques étaient plus souvent atteints de la phthisie que les soldats, d'où il a conclu que les voyages sur mer au lieu d'être utiles dans la phthisie sont au contraire nuisibles. Si nos malades avaient seulement croisé dans les climats chauds, comme les marins français, leur voyage n'aurait pas été si favorable. La plupart ont fait le

(1) Mémoire de l'Académie de Médecine, t. XX, p. 103.

voyage de l'Australie aller et retour, les autres ont gagné l'Inde et la Chine en passant par le cap, les autres sont allés aux Indes occidentales et quelques-uns ont gagné le continent américain par les bateaux à vapeur qui relient ces deux régions.

Ces bons résultats ne peuvent pas être attribués à l'égalité de la température, la variété des climats, et le mauvais temps rencontré sur la route font éloigner cette explication. Il faut plutôt les rapporter à un changement constant de l'air pur obtenu sans fatigue, à une augmentation de l'appétit, à la nourriture différente qui est parfaitement digérée ce qui, comme le dit le docteur Maclaren (1), est un signe évident d'amélioration. L'influence morale qui accompagne un changement complet de genre de vie a une action considérable.

On remarquera que notre statistique, bien que démontrant l'influence favorable des climats secs, en établissant également ment les résultats satisfaisants des voyages sur mer est en faveur, dans une certaine limite, des climats humides. Je crois que l'on peut, jusqu'à un certain point, expliquer les bons résultats obtenus par les voyages sur mer et dans les climats secs à la grande pureté de l'air.

INFLUENCE DU CLIMAT SUR LES DIFFÉRENTES FORMES
DE CONSOMPTION.

Pourquoi certaines formes de phthisie obtiennent un meilleur résultat suivant un climat particulier ? Les cas de notre statistique sont trop peu nombreux pour élucider cette question sous tous ses aspects, mais ils sont suffisants pour les cas d'origine inflammatoire ou catarrhale.

Sur 55 malades pour lesquels la maladie se rattachait aux suites d'une pneumonie, d'une pleuro-pneumonie ou d'une

____

(1) British and foreign medical Review, p. 103. — January 1871.

pleurésie, 4 ont passé un ou plusieurs hivers à Pau, 18 à Madère et 35 dans le sud de l'Europe.

Des malades qui allèrent à Pau, tous furent plus mal, excepté un, dont l'état local demeura stationnaire, tandis que l'état général devenait plus mauvais.

Des malades qui se rendirent à Madère, 13 ou 72 pour cent virent leur état général s'améliorer et 5 ou 28 pour cent se détériorer ; les résultats sur l'état local furent plus défavorables, sur 11, il s'améliora, il empira chez 7 malades.

Parmi les malades qui voyagèrent dans le sud de l'Europe, l'état général s'améliora chez 21 ou 60 pour cent, il resta stationnaire chez 9 ou 26 pour cent, il empira chez 5 ou 20 pour cent. L'état local progressa chez 17 (environ la moitié), resta stationnaire dans 11 cas, avança et s'étendit chez 7.

Mettons de côté Pau, car tous les malades qui allèrent à cette station furent plus mal ; Madère, dont la moyenne, des plus mal au point de vue de l'état local et général, est double de celle des autres malades qui se rendirent dans le sud de l'Europe.

Donc, en nous basant sur notre statistique et en jugeant surtout par le nombre de « plus mal » fournis par Pau et Madère, nous sommes amenés à dire *qu'un climat chaud et sec est plus utile dans le traitement de la phthisie d'origine inflammatoire qu'un climat chaud et humide*.

De 41 cas de phthisie d'origine catarrhale, 10 passèrent l'hiver à Pau, 9 à Madère, et 21 dans le sud de l'Europe. Parmi les malades qui se rendirent à Pau, l'état général s'améliora chez 5, se détériora chez 5, l'état local s'améliora chez 4, resta stationnaire chez 3 et s'aggrava chez 3. Pour les malades qui allèrent à Madère, l'état général s'améliora chez 8, devint plus mauvais chez 1, tandis que l'état local s'améliora chez 5, resta stationnaire chez 3 et devint plus mauvais chez 1. Les malades qui se rendirent dans le sud de l'Europe montrèrent de l'amélioration dans l'état général dans 16 cas, de l'aggravation dans 5 cas ; de l'amélioration dans l'état local dans 11 cas, un état stationnaire dans 2 cas, progrès et extension dans 7 cas ; dans un cas, l'état local est inconnu. Suivant ces chiffres le climat de Madère paraîtrait le mieux répondre à l'indication, celui de Pau le plus mal et les stations du sud de l'Europe occuper une situation intermédiaire. D'où nous concluons *qu'un climat chaud et égal est plus important qu'un climat sec pour les malades atteints de phthisie d'origine catarrhale.*

DURÉE DE LA VIE.

Qu'elle a été la durée de la prolongation de la vie chez les malades qui ont quitté leurs pays pour aller résider à l'étranger ?

De ces 251 malades qui ont passé hors de chez eux deux hivers et demi en moyenne, 40 étaient morts et 202 étaient encore vivants à l'époque de mes derniers renseignements. Pour les morts, la durée moyenne de la maladie avait été de 8 ans, pour ceux qui vivaient, la moyenne était de 8 ans, 11 mois et 21 jours (presque 9 ans).

Comparez ces moyennes avec celles des 749 malades qui n'ont pas quitté le pays. 149 ont succombé ayant vécu en moyenne 7 ans et 15 jours et 600 ayant vécu en moyenne 8 ans (7 ans, 11 mois, 15 jours). En comparant les morts de chacune des deux divisions nous trouvons une augmentation de 4 mois et demi en faveur des cas qui ont été soumis à l'influence des climats.

Les résultats donnés par les effets de l'huile de foie de morue sont saisissants. 40 malades ont pris l'huile fort irrégulièrement, sur ce nombre 17 ont succombé. Chez ces malades, la durée moyenne de la maladie a été seulement de quatre ans, huit mois et demi, résultat qui contraste considérablement avec la moyenne des cas qui ont subi l'influence des climats et chez lesquels la moyenne de la maladie a été de huit ans. Cependant le début de la maladie chez ces quarante malades n'avait pas été plus défavorable que chez les autres. A première vue, les résultats fournis sous le rapport de la durée de la vie dans les cas qui sont restés dans le pays et ceux qui ont voyagé ne paraissent pas très-encourageants et nous permettent de poser la question, s'ils sont suffisants pour envoyer un malade hors de son pays. Mais nous ne devons pas oublier que dans notre statistique nous comprenons les climats qui ne sont pas favorables et qu'ils entrent dans un large part sur la somme de saisons d'hiver que nous avons étudiées.

Même dans les climats les moins favorables, les malades ont bénéficié de la vie au grand air, qui n'eût pas été possible en Angleterre. Cet avantage a même engagé les malades à passer plusieurs hivers à l'étranger, alors même qu'ils savaient très-bien qu'ils ne retireraient pas un bénéfice durable de leur exil.

Pour conclure, je ferai remarquer la supériorité des climats secs et toniques sur les climats humides et débilitants, qui a bien été reconnue par beaucoup de médecins. Je me suis efforcé de démontrer que ce n'était pas par caprice que les climats humides ont été abandonnés et que le traitement de la phthisie par les climats secs s'appuie sur des bases certaines.

J'ose espérer que les résultats que nous venons d'énumérer réunis à ceux de Hermann Weber et de quelques autres pourront former les éléments d'un traitement pratique et scientifique de la phthisie par les climats.

Marseille. — Typ. et Lith. Barlatier-Feissat Père et Fils, rue Venture, 19.

188

Marseille. — Typ. et Lith. Barlatier-Feissat Père et Fils

www.ingramcontent.com/pod-product-compliance
Ingram Content Group UK Ltd.
Pitfield, Milton Keynes, MK11 3LW, UK
UKHW021649090726
13657UKWH00004B/1847